Wir entdecken und bestimmen

Vögel

Peter Holden
Deutsche Fassung
von Hans Joachim Conert
Illustrationen von
Trevor Boyer und Christine Howes

Otto Maier Verlag Ravensburg

Inhalt

Erstausgabe in deutscher Sprache
Erstmals 1978 in den Ravensburger Taschenbüchern
Lizenzausgabe mit Genehmigung der Usborne Publishing Limited, London

Umschlaggestaltung: Graphisches Atelier, Otto Maier Verlag, unter Verwendung des Umschlags der Originalausgabe

Printed in Italy

10 9 8 7 6   87 86 85 84 83

ISBN 3-473-39491-2

Einleitung

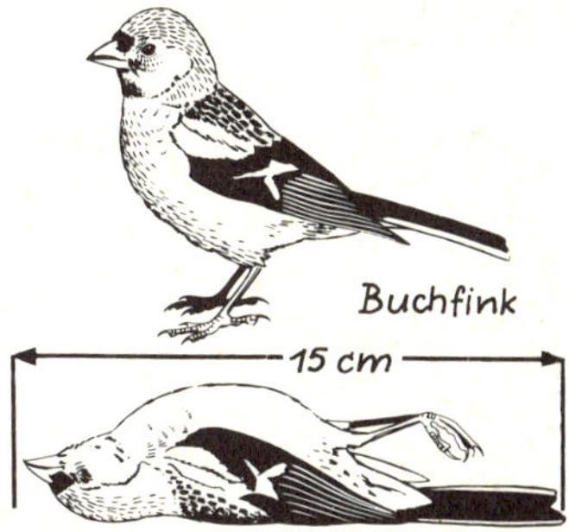

Wie man dieses Buch benutzt

Wie oft hast du nicht schon einen interessanten Vogel gesehen. Aber wenn du zu Hause oder in der Schule davon erzählen solltest, so fehlten dir die Worte. Denn wie sollst du dich verständlich machen, wenn du nicht einmal den Namen der Tiere weißt. Dieses Buch kann dir in Zukunft helfen. Sobald du einen Vogel entdeckt und genau beobachtet hast, blätterst du die Bilder durch, und meist wirst du die Art abgebildet finden. In dem Kreis neben der Beschreibung kannst du diesen Vogel dann abhaken. Männchen ♂ und Weibchen ♀ sehen bei den Vögeln im Sommerkleid meist recht verschieden aus. Deshalb sind beide Geschlechter abgebildet. In der Beschreibung ist die Größe von Schnabelspitze bis Schwanzende angegeben. Außerdem werden Lebensraum und Nahrung vermerkt.

Die Punktekarten

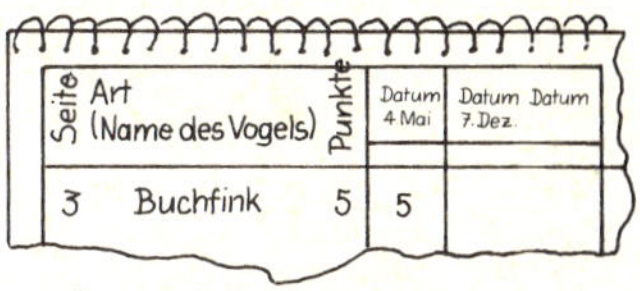

Am Ende des Buches findest du Punktekarten. Für eine häufig vorkommende Art erhältst du fünf Punkte, für eine nur zeitweise auftretende dagegen 25. Vielleicht entdeckst du sogar Vögel, die bereits sehr selten oder gar vom Aussterben bedroht sind. Dafür kannst du dir 20 Sonderpunkte aufschreiben.

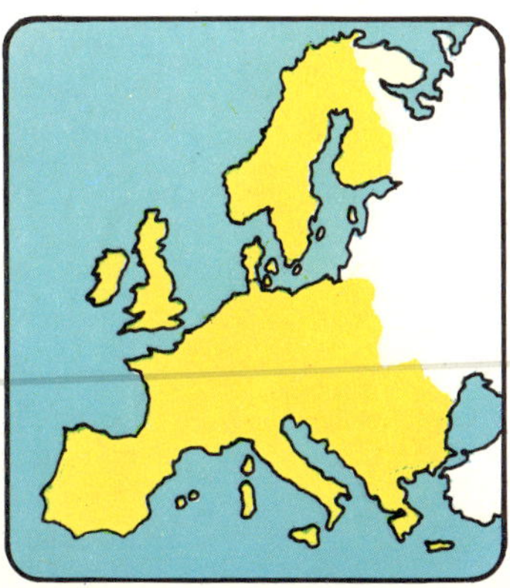

Für welche Gebiete dieses Buch gilt

Die gelbgetönten Gebiete in dieser Europakarte zeigen dir die Länder, in denen du dieses Buch benutzen kannst. Natürlich ist nicht jeder Vogel abgebildet, der hier vorkommt. Du wirst bald bemerken, daß die meisten Vögel nur an bestimmten Stellen und zu bestimmten Zeiten vorkommen, zum Beispiel in Gärten und Feldern, in Wäldern oder an der Küste. Hinweise darauf findest du in der Beschreibung.

Warum man Vögel beobachtet

Für viele Menschen sind die Vögel die Lieblingstiere. Sie sind die einzigen Wirbeltiere, die fliegen können, sie haben meist einen angenehmen Gesang und sind hübsch anzusehen. Wer sich mit dieser Tiergruppe näher beschäftigt, wird bald bemerken, daß es sich auch in vielen anderen Dingen um hochinteressante Tiere handelt.

Wie man Vögel beobachtet

Wenn du erst wenige Vögel kennst, dann solltest du dich in den ersten Tagen darauf beschränken, eine oder zwei Vogelarten ganz genau zu beobachten. Versuche erst einmal, den Namen festzustellen und dir einzuprägen. Dann vergleiche den Vogel mit der Abbildung und merke dir seine auffälligsten Merkmale – zum Beispiel Form, Farbe, Größe und so weiter. Danach kannst du versuchen, Männchen und Weibchen an ihrem Kleid zu unterscheiden. Sicher wird es dir auch möglich sein festzustellen, was der Vogel frißt. Erst wenn du dir das alles eingeprägt hast, solltest du dir die nächste Art vornehmen.

Was man an den Vögeln beobachtet

Nicht nur die äußere Form ist wichtig, wenn man einen Vogel bestimmen will – häufig auch sein Gesang oder die Art und Weise, wie er fliegt, läuft oder schwimmt.

Das Fernglas

Vögel sind meist scheue und kleine Tiere, an die man nicht dicht herankommen kann. Deshalb brauchst du zur Beobachtung ein Fernglas. Am besten sind Geräte mit der Vergrößerung 8 x 30 oder 8 x 40 geeignet.

Das Notizbuch

Bei der Beobachtung eines Vogels fallen dir so viele Dinge auf, daß du sie gar nicht alle behalten kannst. Deshalb solltest du auf jeder Wanderung Notizblock und Bleistift mitnehmen und deine Beobachtungen aufschreiben.

◀ **Krähenscharbe** ○

Etwa 75 cm lang. Seltener Irrgast auf Helgoland und zuweilen an der Nordseeküste. Brütet in Kolonien. Scheitelhaube nur im Prachtkleid. Jungvögel braun. Taucht nach Fischen.

◀ **Baßtölpel** ○

Etwa 90 cm lang. Brütet an den Nordseeküsten. Stößt ins Meer, um Fische zu fangen. Taucht bis 15 m tief. Jungvögel sind dunkler.

▼ **Kormoran*** ○

Etwa 90 cm lang. Küste der Nord- und Ostsee. Im Ruhekleid fehlen die weißen Flecken. Jungvögel sind braun. Brütet in Kolonien auf Bäumen.

Ringelgans*

55-60 cm lang. Brütet an der Küste der Nord- und Ostsee. Schnabel und Beine schwarz.

Kanadagans*

90-100 cm lang. Nur im Winter manchmal an unseren Küsten zu sehen.

Graugans*

75-90 cm lang. Brütet in Nordostdeutschland. Schnabel orange oder rosa. Ausschließlich Pflanzenfresser.

Nonnengans*

60-70 cm lang. Im Winter an der Nordseeküste zu sehen. Brütet auf Felsen, äst auf Feldern und Wiesen.

Saatgans*

70-90 cm lang. Überwintert auch in Mitteleuropa.

Kurzschnabelgans*

60-75 cm lang. Überwintert auch an den deutschen Küsten. Schnabel kürzer als bei der Saatgans.

Bläßgans

65-76 cm lang. Brütet in Sibirien, überwintert an den deutschen Küsten.

Höckerschwan

Der bei uns häufigste Gänsevogel. Wird auch halbzahm in Parks gehalten. Hat einen Stirnhöcker. Füße dunkelgrau. Junge braungrau und ohne Höcker. Gründelt im Wasser bis 1,5 m tief. Kann einen Hund töten.

Länge:
Singschwan 150 cm
Zwergschwan 122 cm
Höckerschwan 150 cm

◀ **Stockente** ○

Etwa 58 cm lang. Die größte europäische Ente. Stammform der Hausenten. Fast an allen Gewässern.

▶ **Krickente*** ○

Etwa 36 cm lang. Brutgebiete im Alpenvorland. Zieht im Winter nach Süden. Lebt in Mooren und Sümpfen.

◀ **Pfeifente*** ○

Etwa 46 cm lang. Brütet in Nordostdeutschland. Überwintert in Südasien, Nordafrika und Südeuropa. Lebt in Sümpfen und an großen Seen.

▶ **Spießente*** ○

Erpel bis 66 cm, Ente bis 56 cm lang. Brütet in Norddeutschland. Überwintert in West- und Südeuropa. Hat einen auffallend langen Schwanz.

Löffelente ○

Etwa 50 cm lang. Brütet in Norddeutschland. Filtert kleine Lebewesen aus dem Wasser.

Tafelente ○

Etwa 45 cm lang. Brütet in Mitteleuropa. Lebt an Teichen und Seen, ernährt sich von Wasserpflanzen.

Reiherente ○

Etwa 43 cm lang. Brütet in Norddeutschland und Bayern. Taucht bis 15 m tief nach Nahrung.

Eiderente* ○

Etwa 58 cm lang. Brütet in Nordwestdeutschland. Oft ist sie im Rheintal und auf dem Bodensee zu sehen. Frißt Muscheln, Krebse und Würmer.

▸ Schellente* ○

Etwa 45 cm lang. Brütet in Nordostdeutschland. Zugvogel mit schellendem (klingelndem) Fluggeräusch. Ernährt sich von Würmern und Insekten.

◂ Mittelsäger* ○

Etwa 58 cm lang. Brütet und überwintert an der Ostsee. Ernährt sich von Fischen, die mit den gezähnten Schnabelrändern festgehalten werden.

▸ Gänsesäger* ○

Etwa 65 cm lang. Brütet im Alpenvorland, vor allem in fischreichen Gewässern. Fische werden von mehreren Vögeln gemeinsam gejagt.

◂ Brandgans ○

60-65 cm lang. Brütet an der Küste der Nord- und Ostsee. Viele Vögel ziehen zur Mauser in die Deutsche Bucht. Frißt Weichtiere. Fliegt mit über 90 km/h.

▸ Haubentaucher* ○

Etwa 48 cm lang. Brütet und überwintert in Mitteleuropa. Lebt an Teichen und Seen. Taucht bis 40 m tief. Ernährt sich von Fischen.

◂ Zwergtaucher ○

Etwa 27 cm lang. In Deutschland der häufigste Taucher. Lebt an Binnengewässern. Rufe: ein schrilles Trillern.

▸ Graureiher* ○

Etwa 90 cm lang. Brütet auf Bäumen, bei uns vor allem in Norddeutschland. Fängt Fische, Frösche und Mäuse mit dem Schnabel.

◂ Weißstorch* ○

Etwa 102 cm lang. Brütet in Mitteleuropa, ist aber sehr selten geworden. Ernährt sich von Fröschen, Insekten, Regenwürmern, Schnecken. Mäusen.

Fischadler*

50-58 cm lang. Brütet heute nur noch in Brandenburg und Mecklenburg und überwintert in Westafrika. Fliegt mit etwa 50 km/h. Erbeutet Fische.

Steinadler*

70-90 cm lang. Brütet bei uns nur in den Alpen und in Nordostdeutschland. Jagt Hasen sowie junge Rehe und Gemsen. Jungvögel haben weiße Flecken auf Schwanz und Flügeln.

Rotmilan

Etwa 60 cm lang. Brütet auch bei uns. Lebt in waldigen Gegenden mit Wasser. Frißt Vögel, Mäuse, Hamster und Abfälle.

◀ **Mäusebussard** ○

50-56 cm lang. Auch bei uns häufig. Brütet im Wald, braucht aber zur Jagd Felder und Wiesen. Rüttelt über einer Stelle und stößt blitzschnell auf Mäuse, Würmer und auch Vögel herab.

▶ **Sperber*** ○

28-38 cm lang. Brütet auch bei uns und überwintert hier. Lebt vor allem in Nadelwäldern. Jagt meist Singvögel.

◀ **Turmfalke** ●

32-35 cm lang. In ganz Mitteleuropa häufig. Fliegt im Rüttelflug auf einer Stelle und jagt Mäuse, Maulwürfe und Vögel. Brütet oft in Kolonien.

◀ **Baumfalke*** ○

30-34 cm lang. Brütet bei uns, überwintert in den Tropen Afrikas und Asiens. Lebt in feuchten, baumbestandenen Wiesen. Jagt Vögel und Insekten, die er in der Luft erbeutet.

▶ **Wanderfalke*** ○

38-48 cm lang. Bei uns fast völlig ausgerottet. Brütet auf Bäumen, Klippen und sogar in Ortschaften. Erreicht im Sturzflug bis 300 km/h. Jagt Vögel.

◀ **Habicht*** ○

47-61 cm lang. Bei uns fast völlig ausgerottet. Lebt in Wäldern und Feldern. Jagt Vögel und Kleinsäugetiere bis zum Hasen. Tötet mit den Krallen.

▶ **Wespenbussard** ○

51-58 cm lang. Brütet bei uns, überwintert im tropischen Afrika. Lebt in Wäldern und Wiesen. Ernährt sich von Insekten, deren Nester er ausgräbt.

Teichhuhn

Etwa 33 cm lang. Bei uns häufig. Lebt an großen Teichen und Seen, auch an Parkweihern. Frißt Wasserpflanzen, aber auch Insekten, Spinnen und Würmer.

Bläßhuhn

Etwa 38 cm lang. Bei uns häufig. Lebt an Parkweihern und großen Seen. Frißt Wasserpflanzen und Vogeleier. Kann gut tauchen. Rennt schnell über das Wasser.

Wachtelkönig*

Etwa 27 cm lang. Bei uns sehr selten. Lebt in feuchten Wiesen und Mooren. Bewegt sich geschickt durch die Pflanzen und sucht Insekten, Würmer und Schnecken.

Wasserralle

Etwa 28 cm lang. Bei uns sehr selten. Lebt am Rande von Gewässern. Kann gut schwimmen und tauchen. Lebt von Insekten, Würmern, Mäusen und Kleinvögeln.

▸▸ Moorschneehuhn ○

▸ Schottisches Moorschneehuhn ○

Etwa 40 cm lang. Hat mehrere Mausern im Jahr und ist im Winter weiß. Brütete früher auch in Ostpreußen, heute ausgestorben. Das Schottische Moorschneehuhn ist eine besondere Rasse, es hat kein weißes Winterkleid.

◂ Alpenschneehuhn ○

Etwa 36 cm lang. Winterkleid weiß, aber beim Männchen ein schwarzer Streifen zwischen Auge und Schnabel. Lebt in den Alpen oberhalb der Baumgrenze. Frißt Pflanzen und Insekten.

Birkhuhn* ○

Hahn etwa 54 cm, Huhn etwa 40 cm lang. Brütet auch bei uns (noch). Lebt auf Heideflächen und Mooren. Die Jungen fressen Insekten, später Früchte und Samen.

Auerhuhn* ○

Hahn etwa 86, Huhn etwa 62 cm lang. Bei uns größter Hühnervogel. Heute nur noch in den Alpen und Mittelgebirgen. Frißt Blätter und Knospen, später Beeren und Eicheln.

Rebhuhn ○

Etwa 30 cm lang. Oft auf Feldern und Mooren. Kann gut laufen. Frißt anfangs Insekten, später Früchte und Samen der Unkräuter.

Fasan ○

Hahn etwa 80 cm, Huhn etwa 60 cm lang. Oft auf Feldern zu sehen. Schläft auf Bäumen. Frißt Beeren, Eicheln, Blätter, aber auch Insekten, Würmer, Schnecken und Kleinsäuger.

Rothuhn ○

Etwa 34 cm lang. Bei uns ausgestorben, Einbürgerungsversuche erfolglos. Bodenbewohner. Lebt von Früchten und Knospen, Insekten und Spinnen.

◀ **Austernfischer** ○

Etwa 43 cm lang. Ist an der Küste der Nordsee häufiger als an der Ostsee. Läuft am Strand herum und sucht Muscheln und Würmer.

▶ **Kiebitz** ○

Etwa 30 cm lang. Brütet bei uns und überwintert in warmen Landesteilen. Lebt auf Sümpfen, Mooren, Wiesen und Äckern. Kann gut fliegen und laufen. Frißt Würmer, Insekten und Sämereien.

Steinwälzer ○

Etwa 23 cm lang. Im Sommer an unseren Küsten (selten), brütet aber in Nordeuropa. Dreht Steine und Tang um, um an die daruntersitzenden Insekten, Würmer und Schnecken zu kommen.

Die Regenpfeifer laufen schnell auf dem Strand dahin, stoppen dann plötzlich und picken nach Nahrung, bevor sie genau so schnell wieder davonrennen.

▸ Sandregenpfeifer ◯

Etwa 19 cm lang. Brütet an der Nord- und Ostseeküste, überwintert im Mittelmeergebiet und Afrika. Lebt auf dem Watt. Frißt Krebse, Insekten und Würmer.

◂ Flußregenpfeifer ◯

Etwa 15 cm lang. Brütet an Flüssen und Seen. Zieht im Winter nach Süden. Kann gut und schnell fliegen. Ernährt sich von Schnecken, Muscheln und Würmern.

Goldregenpfeifer* ◯

Etwa 28 cm lang. Brütet mit wenigen Paaren in Nordwestdeutschland. Zieht im Winter nach Süden.

▸ Rotschenkel* ○

Etwa 28 cm lang. Brütet bei uns in Norddeutschland und überwintert in Südeuropa. Lebt auf feuchten Wiesen und in Sümpfen.

◂ Grünschenkel ○

30-31 cm lang. Zieht im Frühjahr und Herbst über unser Gebiet. Lebt auf Heideflächen, Mooren, Wiesen und an Gewässern. Fliegt in kleinen Gruppen.

▸ Flußuferläufer* ○

Etwa 20 cm lang. Brütet bei uns – nur nicht im Nordwesten. Lebt an Ufern von Flüssen und Seen. Frißt Insekten, Würmer, Schnecken, aber auch Wasserpflanzen.

Uferschnepfe* ○

Etwa 40-41 cm lang. Brütet in Norddeutschland. Zieht im Herbst nach Süden und Westen. Frißt Insekten, Würmer und Schnecken.

▸ **Pfuhlschnepfe** ◯

Etwa 38 cm lang. Brütet in Nordeuropa und zieht im Frühjahr und Sommer über unser Gebiet, einzelne Vögel bleiben hier. Fischt im flachen Wasser nach Würmern, Schnecken und Insekten.

▾ **Regen-brachvogel** ◯

Etwa 41 cm lang. Brütet in Nordeuropa und zieht im Frühjahr und Herbst durch unser Gebiet. Lebt auf Heideflächen und in Mooren, auch an der Küste.

▴ **Großer Brachvogel*** ◯

53-58 cm lang. Nur wenige Paare brüten auch bei uns auf Mooren, feuchten Wiesen und in Heidegebieten. An der Nordsee als Zugvogel häufig zu sehen. Kann gut und über 6000 m hoch fliegen.

Alpenstrandläufer*

17-19 cm lang. Der bei uns häufigste Strandläufer. Brütet an der Küste von Nord- und Ostsee. Hat im Binnenland Winterquartiere. Lebt auf Mooren, Sümpfen und Strandwiesen.

Knutt

Etwa 25 cm lang. Vor allem an der Nordsee als Zugvogel zu sehen. Fliegt von Grönland bis Südafrika, in Höhen bis 7000 m. Sucht im Watt nach Muscheln, Schnecken und Insekten.

Sanderling

20-21 cm lang. Brütet im hohen Norden und überwintert an der Nordsee. Läuft auf dem Watt am Rande der Wellen hin und her und sucht nach kleinen Tieren.

Kampfläufer*

Männchen etwa 30 cm, Weibchen etwa 23 cm lang. Brütet in Nordostdeutschland und überwintert im Mittelmeergebiet. Frißt Insekten, Würmer und Früchte.

Waldschnepfe

34-36 cm lang. Brütet in Mitteleuropa in Laub- und Mischwäldern. Frißt Insekten, Würmer und Schnecken. Fliegt erst in der Dämmerung.

Bekassine*

Etwa 27 cm lang. Brütet in Norddeutschland. Lebt auf Sümpfen, Mooren und Wiesen. Wird abends aktiv. Ernährt sich von Würmern, Schnecken und Insekten.

Säbelschnäbler

Etwa 43 cm lang. Brütet in Kolonien an der Nord- und Ostseeküste und überwintert in Süd- und Westeuropa.

▶ Ringeltaube ◯

40-44 cm lang. Bei uns die größte und häufigste Taube. Lebt in Wäldern, Parks und Grünanlagen. Bildet im Herbst große Schwärme.

◀ Hohltaube* ◯

Etwa 33 cm lang. Brütet bei uns in Baumhöhlen, überwintert in Südwesteuropa. Lebt in Wäldern und Parks. Bildet im Herbst Schwärme, oft mit der Ringeltaube zusammen.

▶ Felsentaube ◯

Etwa 33 cm lang. Stammform der Haustaube. Brütet auf Felsklippen, aber auch auf Gebäuden. Frißt Früchte, Samen und Knospen, Schnecken und Insekten.

◀ Türkentaube ◯

28-32 cm lang. Seit 1946 bei uns eingebürgert. Lebt vorwiegend in Dörfern und ernährt sich vom Futter der Hühner und Enten, frißt aber auch Beeren und Samen.

▶ Turteltaube ◯

27-30 cm lang. Bei uns einheimisch, fehlt aber im Alpenvorland. Überwintert im tropischen Afrika. Lebt in lichten Wäldern und Parks.

◀ Tordalk* ○

40-41 cm lang. Brütet in Deutschland nicht mehr (bis 1959 auf Helgoland). Lebt vorwiegend auf dem Meer und taucht nach Fischen.

▶ Trottellumme ○

Etwa 42 cm lang. Brütet auf Helgoland und an einigen Stellen der Ostsee. Lebt auf dem Meer. Kann sehr gut schwimmen und taucht bis 10 m tief nach Fischen und Krebsen.

◀ Eissturmvogel ○

Etwa 47 cm lang. Brütet im Norden. Lebt auf dem Meer. Fliegt meist im Gleitflug über den Wellen. Kann gut schwimmen und auch tauchen. Frißt vor allem Abfälle.

▶ Papageitaucher* ○

30-31 cm lang. Brütet im Norden und kommt ab und zu an der Nordseeküste vor. Ernährt sich von Fischen und Krebsen, Muscheln und Würmern.

▸ **Lachmöwe** ○

Etwa 38 cm lang. Brütet in Mitteleuropa auf Sümpfen, feuchten Wiesen, an Teichen und Seen sowie zwischen Dünen in Kolonien. Auch im Binnenland häufig zu sehen.

▾ **Mantelmöwe** ○

Etwa 74 cm lang. Ist an den deutschen Küsten im Sommer zu sehen, brütet hier aber nicht. Lebt auf Felsklippen und Heidegebieten. Dringt nicht ins Binnenland vor.

▴ **Heringsmöwe** ○

52-56 cm lang. Brütet an der Nordseeküste und ist hier oft zu sehen. Frißt Vogeleier und Jungvögel, sucht aber auch Müllhalden nach Futter ab.

◂ **Sturmmöwe** ○

Etwa 41 cm lang. Brütet an der Küste und im Binnenland bis zu den Alpen. Frißt Kleintiere, aber auch Abfälle.

Silbermöwe

56-66 cm lang. An der Küste die häufigste Möwe. Brütet in Kolonien an den Küsten, auch im Binnenland. Frißt Jungvögel und Eier anderer Seevögel, aber auch Abfälle und Aas.

Küstenseeschwalbe*

Flußseeschwalbe*

Etwa 35 und 38 cm lang. Der Küstenseeschwalbe sehr ähnlich. Brüten beide an der Küste, sind selten im Binnenland zu sehen. Stürzen sich aus dem Flug ins Wasser und jagen Fische.

Trauerseeschwalbe*

Etwa 24 cm lang. Brütet im norddeutschen Flachland und fliegt im Winter nach Afrika. Lebt an Gewässern. Fliegt dicht über dem Wasser und fängt Insekten, Kaulquappen und Fische.

Zwergseeschwalbe*

Etwa 20 cm lang. Brütet an den Küsten, aber auch an der Donau. Zieht im Winter nach Afrika. Stößt ins Wasser und erbeutet Fische, Krebstiere und Würmer.

Schleiereule* ○

Etwa 34 cm lang. Brütet auf Felsen, in Baumhöhlen, aber auch in Scheunen. Jagt nachts nach Mäusen, Maulwürfen, Fröschen und Insekten.

Steinkauz* ○

Etwa 22 cm lang. Brütet in Baumhöhlen. Lebt auf baumbestandenen Feldern. Jagt nachts Kleinsäuger, Vögel, Insekten, Frösche und Eidechsen.

Waldkauz ○

37-40 cm lang. Von unseren Eulen die häufigste. Lebt in Wäldern und Parks. Schläft tagsüber auf Bäumen. Erbeutet Mäuse und Kaninchen sowie Vögel.

Sperlingskauz* ○

15-17cm lang. Brütet im Schwarzwald, in den Alpen und in manchen Mittelgebirgen in Nadelwäldern. Fliegt auch am Tage. Jagt Tannenmeisen und andere Kleinvögel, Mäuse und Insekten.

▸ Sumpfohreule* ◯

Etwa 38 cm lang. Brütet in Norddeutschland und auf einigen Nordseeinseln. Lebt auf Mooren, nassen Wiesen, zwischen Dünen. Jagt auch tagsüber nach Kleinsäugern und Vögeln.

◂ Waldohreule ◯

33-36 cm lang. Brütet in Nadel- und Mischwäldern, auch in Parks und Baumhöhlen. Ist nachts aktiv und frißt hauptsächlich Mäuse.

▸ Rauhfußkauz* ◯

24-36 cm lang. Brütet in den Alpen, in Mittelgebirgen sowie in Norddeutschland in Nadelwäldern. Jagt nachts Kleinsäuger, Vögel und Insekten.

◂ Zwergohreule ◯

Etwa 19 cm lang. Brütet in Mitteleuropa, aber nicht bei uns. Lebt in lichten Waldlandschaften und Parks. Jagt nachts Vögel, Kleinsäuger und Heuschrecken.

Wiedehopf* ○

Etwa 28 cm lang. Brütet bei uns mit Ausnahme Nordwestdeutschlands und überwintert in Afrika. Lebt auf Wiesen und Weiden. Frißt Insekten, die er vom Boden aufpickt.

Ziegenmelker (oder Nachtschwalbe)* ○

Etwa 27 cm lang. Brütet bei uns in Heidegebieten und Mooren. Überwintert in Afrika. Jagt in der Dämmerung Käfer und Nachtschmetterlinge.

Kuckuck ○

32-37 cm lang. Oft zu hören, aber schwer zu sehen. Lebt in Wäldern und Gärten. Überwintert in Afrika. Das Weibchen legt seine Eier in die Nester anderer Vogelarten, von denen sie ausgebrütet werden.

Eisvogel* ○

Etwa 16 cm lang. Brütet an Flüssen, bleibt auch im Winter bei uns. Stößt aus der Luft ins Wasser und jagt Fische. Hat einen schrillen Pfiff.

▲ **Schwarzspecht**

45-48 cm lang. Der größte bei uns vorkommende Specht. Lebt in Nadel- und Mischwäldern. Hackt große Löcher in Baumstümpfe, um Insekten zu erbeuten.

▲ **Kleinspecht**

Etwa 15 cm lang, so groß wie ein Spatz. Brütet in Laub- und Mischwäldern sowie Parks. Bewohnt Baumkronen. Frißt Insekten, aber auch Früchte.

▼ **Buntspecht**

23-25 cm lang. Bei uns der häufigste Spechtvogel. Lebt in Wäldern und Parks und hackt Insektenlarven aus morschen Bäumen.

▼ **Grünspecht**

32-35 cm lang. Brütet in Laub- und Mischwäldern in Baumhöhlen. Hält sich viel auf dem Boden auf und fängt Ameisen, aber auch Hummeln und Käfer. Frißt auch Früchte.

▼ **Rauchschwalbe** ○

Etwa 19 cm lang. Brütet bei uns, überwintert in Afrika. Baut Nester aus Lehm, meist im Innern von Gebäuden. Fliegt dicht über dem Boden und fängt Insekten.

▲ **Mauersegler** ○

Etwa 16 cm lang, dunkle Unterseite. Brütet bei uns an Felswänden und Gebäuden, überwintert in Afrika. Kann sogar fliegend schlafen. Fliegt bis 100 km/h.

▼ **Uferschwalbe*** ○

Etwa 12 cm lang. Brütet an den Steilwänden von Ufern, wo sie eine Röhre anlegt. Überwintert in Afrika. Fängt in niedrigem Flug Insekten.

▲ **Mehlschwalbe** ○

Etwa 13 cm lang. Baut ihre Nester aus feuchter Erde an Felsen oder an den Außenwänden von Gebäuden. Jagt meist in größerer Höhe als die Rauchschwalbe nach Insekten. Lebt in Kolonien.

Feldlerche ○

Etwa 17 cm lang. Steigt im Frühjahr über den Feldern auf und singt unermüdlich. Brütet bei uns und zieht zum Teil im Winter nach Süden. Frißt Pflanzen und Insekten.

Haubenlerche ○

Etwa 17 cm lang. Singt erst, wenn die Flughöhe erreicht ist. Brütet bei uns, ist sehr zutraulich. Frißt Pflanzenteile und Insekten. Baut das Nest auf dem Boden.

Wiesenpieper ○

Etwa 15 cm lang. Brütet und überwintert bei uns. Lebt auf offenen Flächen und sucht im Boden nach Pflanzenteilen, Insekten und Würmern.

Baumpieper ○

Etwa 16 cm lang. Lebt in lichten Wäldern und Heidegebieten. Sucht Insekten vom Boden auf.

Heckenbraunelle ○

Etwa 15 cm lang. Sehr selten und schwer zu sehen. Lebt in Nadel- und Mischwäldern.

▸ Trauerbachstelze

▸ Bachstelze

Etwa 18 cm lang. Die Trauerbachstelze ist eine Rasse, die vor allem in England, aber auch an unseren Küsten brütet.

Sobald die Stelzen sich niedersetzen, wippen sie mit dem Schwanz auf und ab.

◂ Gebirgsstelze

Etwa 18 cm lang. Lebt stets in der Nähe von Bächen. Sucht Insekten vom Boden oder aus dem flachen Wasser.

Schafstelze

16-17 cm lang. Es gibt mehrere Rassen, von denen die gelbkopfige auf Helgoland vorkommt, die blaukopfige Normalform in Mitteleuropa, eine dunkelkopfige in Skandinavien und eine graukopfige in Südwestdeutschland.

◀ **Seidenschwanz** ○

Etwa 18 cm lang. Bei uns nur als Wintergast aus dem Norden. Frißt Beeren, Obst und (beim Brüten) Insekten.

▶ **Wasseramsel*** ○

Etwa 18 cm lang. Brütet bei uns an Flüssen und Bächen mit sauberem Wasser. Stürzt sich ins Wasser, um Insektenlarven und Kleinkrebse zu fangen.

◀ **Zaunkönig** ○

9,5-11 cm lang. Eher durch seine Triller zu hören als zu sehen. Nistet in Hecken und Gebüschen. Frißt Insekten und Spinnen.

▶ **Neuntöter*** ○

17-18 cm lang. Brütet bei uns, überwintert in Afrika. Lebt in Gebüschen, auf Feldern und an Waldrändern. Fängt Insekten, aber auch Frösche und Mäuse.

◀ **Raubwürger*** ○

Etwa 24 cm lang. Brütet und überwintert bei uns. Lebt an Waldrändern und Gebüschen sowie in Parks. Jagt Vögel und Kleinsäuger. Rüttelt oft über einer Stelle.

▸ Schilfrohrsänger ○

Etwa 13 cm lang. Brütet bei uns, überwintert im tropischen Afrika. Lebt an Ufern von Teichen und Seen, in Sümpfen und Getreidefeldern. Ernährt sich von Spinnentieren und Insekten.

◂ Teichrohrsänger ○

Etwa 13 cm lang. Brütet bei uns, überwintert in Afrika. Bewohnt dichte Schilfbestände, in denen er auch sein Nest baut. Frißt Insekten, die er auch in der Luft fängt, seltener Beeren.

▸ Gartengrasmücke ○

Etwa 14 cm lang. Brütet in baumbestandenen Wiesen und an Waldrändern, überwintert in Afrika. Frißt Insekten und auch Beeren.

◂ Mönchsgrasmücke ○

Etwa 14 cm lang. Brütet bei uns in Parks, Wäldern, Gebüschen und Gärten.

◀ **Dorngrasmücke** ○

Etwa 14 cm lang. Der Gesang ist weniger schön als bei den verwandten Arten. Brütet bei uns in Gebüschen und Hecken, an Feldern und Wegrändern. Sucht Insekten vom Boden auf.

▶ **Fitis** ○

Etwa 11 cm lang. Gehört zu den häufigeren Singvögeln. Brütet bei uns, überwintert in Afrika. Lebt in feuchten Wäldern und Parks. Das Nest wird auf dem Boden gebaut, ist aber gut versteckt.

◀ **Zilpzalp** ○

Etwa 11 cm lang. Seinen Namen hat er nach seinem Gesang. Kommt im März zum Brüten zu uns. Lebt in Wäldern, Parks und Friedhöfen, oft in Wassernähe. Sucht nach Insekten und Spinnen.

▶ **Waldlaubsänger** ○

Etwa 13 cm lang. Brütet bei uns, zieht aber bereits im August nach Afrika, kommt Ende April zurück. Lebt in Laubwäldern und Parks. Das Nest steht auf dem Boden.

◀ Trauerschnäpper ○

Etwa 13 cm lang. Brütet bei uns und zieht ab Ende Juli bis September nach Afrika. Nimmt gern Nistkästen an. Bewohnt Laubwälder. Frißt Insekten und ihre Larven.

▶ Braunkehlchen* ○

Etwa 13 cm lang. Ist bei uns recht selten geworden. Überwintert im tropischen Afrika. Bewohnt Wiesen mit Gebüschen. Frißt Insekten.

◀ Schwarzkehlchen* ○

Etwa 13 cm lang. Überwintert im Mittelmeergebiet. Lebt in trockenem Gelände mit Büschen. Frißt Insekten und Spinnen.

▶ Steinschmätzer ○

Etwa 15 cm lang. Brütet bei uns und zieht im September nach Afrika und Südasien. Lebt auf offenem Gelände mit Steinhaufen. Sucht neben Insekten und Spinnen auch Beeren.

▸ Grauschnäpper ◯

Etwa 14 cm lang. Unauffälliger Vogel. Brütet bei uns, überwintert in Afrika. Lebt an Waldrändern, in Parks und Gärten. Jagt Insekten, frißt aber auch Beeren.

Sitzt gern in aufrechter Haltung auf Zweigen

◂ Gartenrotschwanz ◯

Etwa 14 cm lang. Macht knicksende Verbeugungen. Ist in Gärten und Wäldern häufig. Überwintert in Afrika und Arabien. Frißt Insekten.

▸ Hausrotschwanz ◯

Etwa 14 cm lang. Brütet bei uns (oft in Gebäuden). Überwintert im Mittelmeergebiet. Ist sehr flink und fängt Insekten.

◂ Rotkehlchen ◯

Etwa 14 cm lang. Ist häufig, brütet bei uns und bleibt auch im Winter hier. Lebt in Wäldern mit dichtem Unterwuchs, in Parks und Gärten. Hält sich viel auf dem Boden auf und frißt Insekten, Würmer und Früchte.

▸ Nachtigall ◯

16-17 cm lang. Hat einen auffallend schönen Gesang. Brütet bei uns, überwintert in Afrika. Lebt in Gehölzen und Hecken. Nahrung wie beim Rotkehlchen.

▸ Wacholderdrossel

25-26 cm lang. Unsere farbigste Drossel. Lebt in Obstgärten und Parks. Frißt Insekten und Früchte.

◂ Ringdrossel

Etwa 24 cm lang. Lebt bei uns in den Alpen und Mittelgebirgen und überwintert in Südeuropa. Braucht Nadelwald. Frißt Insekten und Würmer.

Jungvögel sind heller und mehr gefleckt

▸ Amsel

25-27 cm lang. Brütet bei uns und bleibt in Ortschaften auch im Winter hier. Ihre Zahl nimmt zu.

◂ Pirol

Etwa 24 cm lang. Das Männchen hat einen auffallenden, flötenden Ruf. Brütet bei uns, zieht zum Überwintern nach Afrika. Lebt in Laubwäldern, Parks und Gärten. Frißt Raupen und Früchte.

◂ Rotdrossel* ○

Etwa 21 cm lang. Der Zugvogel brütet in Nordeuropa und fliegt im Frühjahr und Herbst abends über unser Gebiet.

▸ Singdrossel ○

Etwa 23 cm lang. Brütet bei uns, überwintert im Mittelmeergebiet und Westeuropa. Lebt in Wäldern und Parks, auch in Ortschaften. Frißt gern Schnecken.

◂ Misteldrossel ○

Etwa 27 cm lang. Brütet bei uns und zieht im Herbst nach Süden. Lebt in Wäldern. Sucht Schnecken und Würmer auf dem Boden, frißt aber auch gern Mistelbeeren.

▸ Star ○

Etwa 22 cm lang. Häufig. Brütet bei uns und überwintert auch teilweise hier. Frißt Würmer und Schnecken, aber auch Weintrauben und Kirschen.

▸ Schwanzmeise ○

Etwa 14 cm lang, davon mehr als die Hälfte der Schwanz. Brütet bei uns und lebt in Gehölzen und Gebüschen. Sucht Insektenlarven.

◂ Haubenmeise ○

11-12 cm lang. Brütet und überwintert bei uns. Lebt in Nadelwäldern und Parks, frißt Insekten und Spinnen.

▸ Tannenmeise ○

Etwa 11 cm lang. Brütet in Nadelwäldern. Frißt kleine Insekten und Samen.

◂ Blaumeise ○

11-12 cm lang. Brütet und überwintert bei uns. Lebt in Laubwäldern, ist in Orten seltener als die Kohlmeise. Frißt Insekten und Spinnen.

▸ Sumpfmeise ○

11-12 cm lang. Brütet bei uns. Lebt in Laubwäldern, kaum in Orten. Frißt Insekten, Samen und Früchte.

Kohlmeise

Etwa 14 cm lang. Bei uns die größte Meise. Brütet und überwintert bei uns. Lebt in Laubwäldern und Gärten. Nimmt leicht Nistkästen an. Frißt Insekten.

Kleiber

Etwa 14 cm lang. Klettert auch kopfabwärts an Baumstämmen. Brütet und überwintert bei uns. Lebt in lichten Laubwäldern. Frißt Insekten, Spinnen und Samen.

Waldbaumläufer

12-13 cm lang. Brütet und überwintert bei uns. Lebt in Mischwäldern und klettert wie ein Specht an den Stämmen herum. Benutzt den Schwanz als Stütze.

Sommergoldhähnchen

Wintergoldhähnchen

Etwa 9 cm lang. Unsere kleinsten Vögel. Brüten bei uns, das Sommergoldhähnchen zieht aber im Herbst nach Süden. Leben meist in Nadelwäldern. Fressen Insekten und Spinnen.

Buchfink

15-16 cm lang. Einer der häufigsten Vögel. Brütet bei uns, die Weibchen ziehen meist im Herbst nach Süden. Lebt in Gehölzen aller Art. Ist in Parks zutraulich. Frißt Insekten, Knospen, Früchte.

Bergfink

Etwa 15 cm lang. Brütet in Nordeuropa – manchmal au Helgoland – und überwintert bei uns in Wäldern. Frißt Samen und Insekten.

Grünling

Etwa 15 cm lang. Ist häufig. Brütet und überwintert bei uns. Lebt in Parks und lichten Wäldern. Frißt Knospen, Beeren und Samen.

Zeisig

Etwa 12 cm lang. Bei uns vo allem in den Alpen und Mittelgebirgen. Frißt Früchte der Erlen und Birken sowie Fichten- und Tannensamen.

◀ **Gimpel**

15-16 cm lang. Brütet und überwintert bei uns. Lebt vorwiegend in Nadelwäldern, auch in Parks. Frißt Samen von Nadelbäumen, die er vom Boden aufsucht, aber auch Früchte der Laubbäume.

▶ **Hänfling**

13-14 cm lang. Brütet und überwintert bei uns. Ist ziemlich häufig. Lebt in Gebüschen auf Feldern und Wiesen, in Weinbergen und Gärten.
Frißt Samen, seltener Insekten.

◀ **Birkenzeisig**

Etwa 13 cm lang. Die in England und Mitteleuropa vorkommende Rasse ist etwas dunkler gefärbt als die nordeuropäische. Brütet in den Alpen, die nordischen Vögel überwintern bei uns in Laubwäldern.

▶ **Stieglitz**

Etwa 12 cm lang. Brütet und überwintert bei uns. Lebt in Gebieten mit hohen Bäumen. Frißt Früchte von Disteln und Kornblumen.

◀ Fichtenkreuzschnabel ○

16-18 cm lang. Bei uns meist in Nadelwäldern der Gebirge. Ernährt sich von Fichtensamen, die aus dem Zapfen gezogen werden.

▶ Eichelhäher ○

Etwa 35 cm lang. Auffallend durch seinen Ruf. Brütet und überwintert bei uns. Lebt in Wäldern. Frißt Kleintiere und Vögel sowie Früchte und Samen.

▲ Kolkrabe ○

57-67 cm lang. Hat einen dicken Schnabel. Brütet bei uns nur noch in den Alpen, im Schwarzwald sowie in Norddeutschland. Frißt vor allem Kleintiere und Aas.

▶ Dohle ○

Etwa 33 cm lang. Brütet und überwintert bei uns. Lebt in lichten Wäldern, Parks und Ortschaften, vor allem in Kirchtürmen. Brütet oft in Kolonien. Ist Allesfresser: frißt Würmer, Kleinsäuger, Vögel, Samen, Früchte und Abfälle.

◀ **Rabenkrähe** ○

◀◀ **Nebelkrähe** ○

47-49 cm lang. Die Rabenkrähe lebt linkselbisch, während die Nebelkrähe eher östlich zu finden ist. Beide sind Rassen der Aaskrähe.

▶ **Saatkrähe*** ○

Etwa 46 cm lang. Brütet und überwintert bei uns. Lebt in offenem Gelände mit Bäumen. Frißt Getreide, Früchte, Insekten, Kleinsäuger, Schnecken und Würmer.

Elster ○

45-47 cm lang. Brütet und überwintert bei uns. Lebt in offenem Gelände mit Baumgruppen. Frißt Jungvögel, Küken, Insekten und Pflanzen.

▸ Haussperling ◯

Etwa 15 cm lang. Häufig. Brütet und überwintert bei uns. Lebt vor allem in Ortschaften. Frißt Früchte und andere Pflanzenteile und Insekten.

◂ Feldsperling ◯

Etwa 14 cm lang. Brütet und überwintert bei uns. Lebt in Obstgärten, an Waldrändern und Hecken. Bildet meist Schwärme. Frißt Pflanzenteile und Insekten. Nimmt Nistkästen an.

▸ Goldammer ◯

16-17 cm lang. Brütet und überwintert bei uns. Lebt in Parks, an Waldrändern und in Weinbergen. Frißt Insekten und Pflanzenteile. Bildet kleine Schwärme.

◂ Rohrammer ◯

15-16 cm lang. Brütet und überwintert bei uns. Lebt in Uferröhrricht und an feuchten Wiesen. Frißt Samen und Früchte, Insekten und Spinnen.

▸ Grauammer ◯

Etwa 18 cm lang. Brütet und überwintert bei uns. Lebt auf Feldern. Frißt Pflanzenteile, Insekten und Schnecken.

Farbrätsel

Erkennst du diese Vögel? Versuche, sie so genau wie möglich bunt zu malen.

1. Fasan (Männchen), 2. Eisvogel, 3. Blaumeise, 4. Türkentaube

Bilderrätsel

Welcher Fuß gehört zu welchem Vogel? In der Mitte des Bildes sind 9 Füße dargestellt. Finde zu jedem Fuß den richtigen Vogel. Die Auflösung ist unten auf der nächsten Seite.

Kormoran

___

Kleinspecht ___

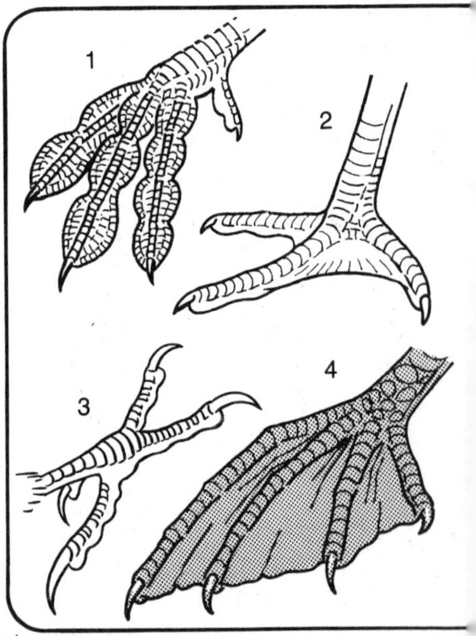

Eisvogel

___

Stockente ___

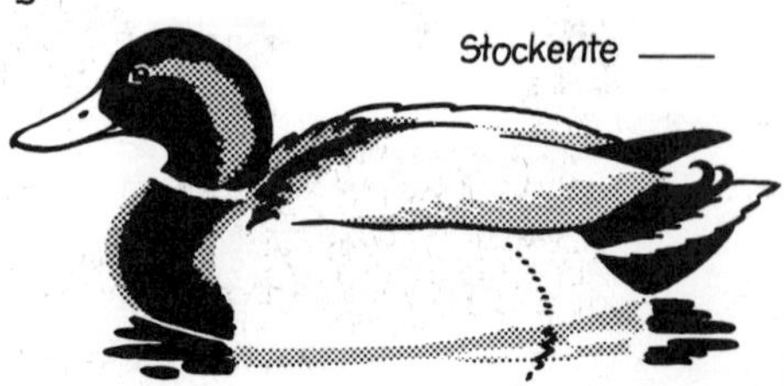

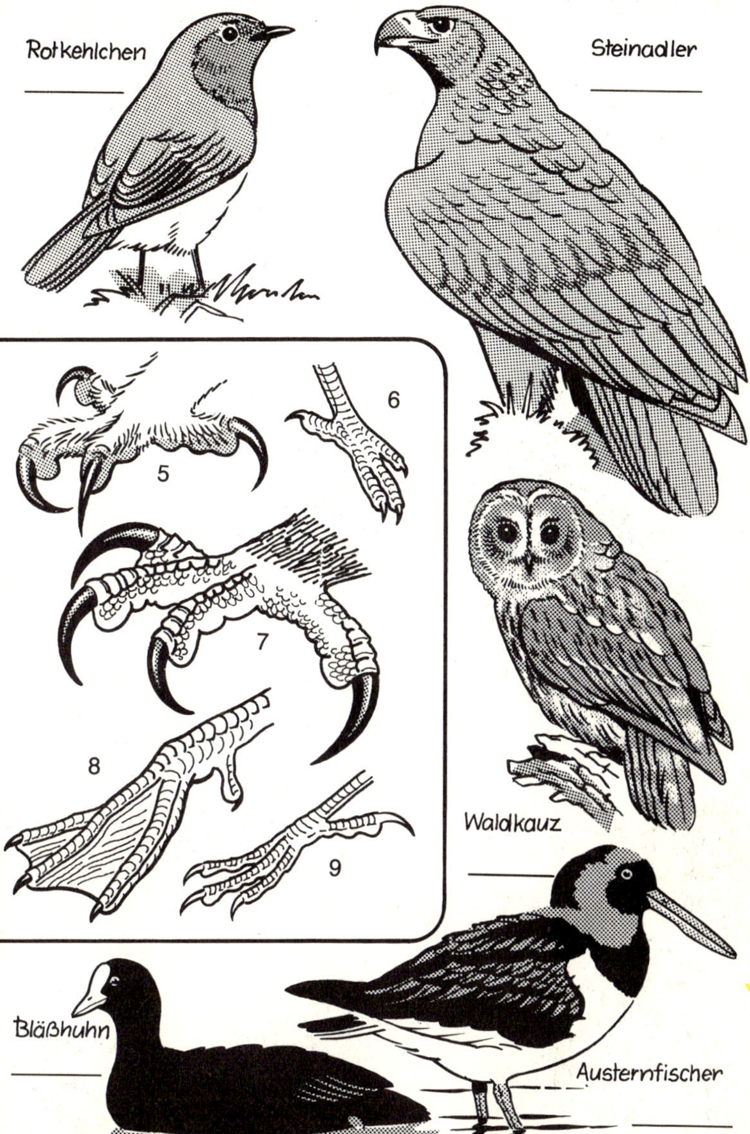

1. Bläßhuhn, 2. Austernfischer, 3. Specht, 4. Kormoran, 5. Waldkauz, 6. Eis-vogel, 7. Steinadler, 8. Stockente, 9. Rotkehlchen.

Wie heißen diese Vögel?

Kannst du diese Vögel bestimmen? Schreibe ihre Namen an die richtige Stelle. Die Antwort findest du unten auf der nächsten Seite.

1 ____________________

2 ____________________

3 ____________________

4 ____________________

1. Mauersegler, 2. Waldschnepfe, 3. Säbelschnäbler, 4. Auerhuhn, 5. Rauchschwalbe, 6. Baßtölpel, 7. Birkhuhn, 8. Kiebitz, 9. Haubentaucher.

Wir bauen ein Futterbrett

Du kannst Vögel, die du beobachten willst, zwar nicht festbinden, aber du kannst sie verlocken, sich nahe deinem Fenster aufzuhalten. Du brauchst ihnen nur regelmäßig Futter zu streuen. Am besten geeignet ist hierfür ein Futterbrett, das du außen am Fensterbrett oder an einem Baum befestigen kannst. Hänge es so auf, daß es von keiner Katze zu erreichen ist.

Vor allem im Winter – etwa in der Zeit von Oktober bis März – ist es wichtig, den Vögeln Futter zu streuen, damit sie diese Hungerzeit besser überstehen. Streue aber bitte keine Brot- oder Kuchenkrümel und auch keine Speisereste aus, denn diese Nahrung ist für die meisten Vögel schädlich. Am besten opferst du etwas von deinem Taschengeld und kaufst in einer Zoohandlung Körnerfutter, einen Meisenring oder etwas Ähnliches.

Für das Futterbrett brauchst du ein Holzbrett von 40 cm Länge und Breite, 4 Leisten, die 2 cm hoch, 2 cm breit und 30 cm lang sind, außerdem 8 Schrauben und 4 Ösen sowie eine Schnur.

1. Bohre Löcher durch das Holzbrett und verschraube die Holzleisten auf den Kanten des Holzbrettes, so wie es auf der Abbildung gezeigt ist.

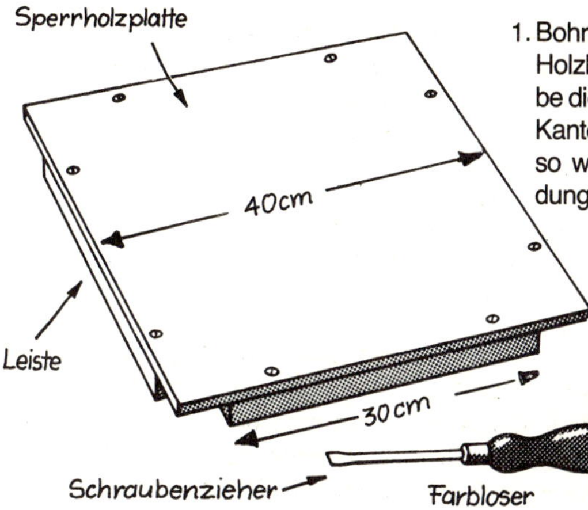

2. Streiche das ganze Brett auf beiden Seiten mit farblosem Lack.

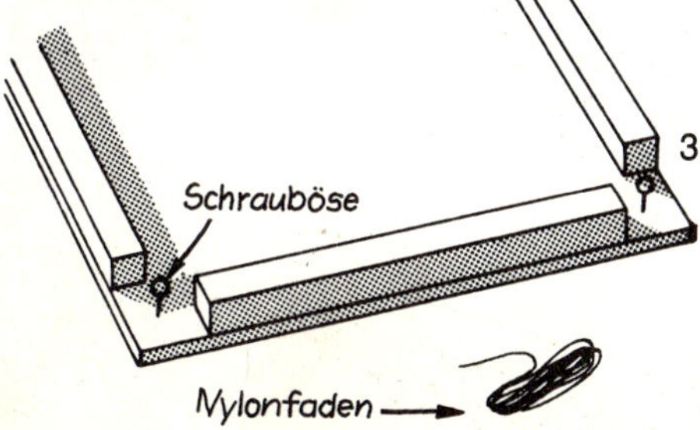

3. Drehe in jede Ecke eine Schrauböse. Ziehe durch je zwei gegenüberliegende Ösen eine Schnur, verknote sie und hänge das Brett an einen nicht zu dicken Ast.

Ein Beobachtungskalender

Einige Zeit, nachdem du den Vögeln Futter gestreut hast, werden sich am Futterplatz Dauergäste einstellen. Damit du nicht vergißt, welche Vögel du beobachtet hast, solltest du dir ein Buch einrichten, in das du alle Ergebnisse eintragen kannst. Zuerst solltest du eine Tabelle anlegen, wie sie die Abbildung zeigt. Das ist natürlich nur ein Vorschlag von vielen möglichen. Wenn du diese Unterlagen über mehrere Jahre gesammelt hast, kannst du sie zusammenstellen und einer örtlichen Arbeitsgruppe für Vogelkunde zur Verfügung stellen.

	Kreuze die Monate an												Nahrung		Getrunken	Gebadet	Nest
													von mir	natürl.			
Haussperling																	
Rotkehlchen																	
Blaumeise																	
Kohlmeise																	
Star																	
Hausrotschwanz																	
Amsel																	
Saatkrähe																	
Grünling																	
Fasan																	
Stockente																	
Höckerschwan																	
Graugans																	
Kuckuck																	

Vogelschutz

Wenn du die Vögel zu deinen Lieblingstieren gemacht hast, so wirst du bald bemerken, daß du viele der in diesem Buch abgebildeten Vögel überhaupt nicht zu sehen bekommst. Diese Vögel waren bei uns keineswegs immer so selten wie heute. Sie sind erst in den letzten Jahrzehnten so rar geworden. Gerade bei den Vögeln hat die zunehmende Zerstörung unserer Landschaft katastrophale Folgen gehabt. Etwa 1/3 aller Vogelarten, die bei uns brüten, sind entweder ausgerottet oder so selten geworden, daß sie von der Ausrottung bedroht sind. Die Wissenschaftler, die sich mit der Vogelkunde beschäftigen, haben diese Arten in einer „Roten Liste" zusammengestellt:
„Die in der Bundesrepublik Deutschland gefährdeten Vogelarten".
Die Liste wird leider auch heute noch immer länger. Damit du diese Vögel besonders beachtest, sind sie in den Beschreibungen mit einem Stern * hinter ihrem Namen gekennzeichnet worden.
Was kannst du tun, um eine weitere Ausrottung der Vögel zu verhindern?
Mit dem Futterstreuen im Winter ist genauso wenig getan wie mit Protestmärschen.
Wenn du einen Garten hast, so sorge dafür, daß keine Insektenvernichtungsmittel gespritzt werden und möglichst viel Gebüsch angepflanzt wird. Sprich mit deinen Nachbarn darüber.
Wenn sie das gleiche tun, werden sich bald so viele Vögel ansiedeln, daß alle Insektengifte überflüssig sind. Wenn du Vögel beobachtest, so störe sie nicht beim Brüten, laufe nicht durch die Schilfgürtel der Ufer und durch den Unterwuchs der Wälder. Noch mehr kannst du tun, wenn du dich einem Verein für Vogelkunde anschließt. Auf jedem Bürgermeisteramt wird man dir sagen können, wo es in der Nähe eine solche Arbeitsgemeinschaft gibt.

Und hier noch ein Buchtip:

Klaus Ruge: Helft den bedrohten Vögeln!
Ein Handbuch für den Vogelschutz.
Ravensburger Freizeit-Taschenbücher Bd. 118

Verblüffend ist, wie wenig genügt, um ein Stück Natur zu erhalten, wenn es nur sinnvoll und praktisch getan wird. Umweltschutz fängt im eigenen Garten an! Das ist die Botschaft dieses Buches. Wir dürfen nicht länger nur reden, wir müssen das tun, was in unserer Macht steht, und zwar jetzt.

Namensverzeichnis

Punktekarten

In diesen Punktekarten sind die Vögel in der gleichen Reihenfolge eingetragen wie bei den Abbildungen und Beschreibungen. Wenn du Vögel beobachtest, so schreibe zuerst das Datum an die dafür vorgesehene Stelle. Dann trägst du die Punkte ein für jede Vogelart, die du gesehen hast. Die Anzahl steht hinter dem Namen.

Seite	Art (Name des Vogels)	Punkte	Datum	Datum	Datum	Seite	Art (Name des Vogels)	Punkte			
5	Krähenscharbe	25				9	Eiderente	15			
5	Baßtölpel	25				10	Schellente	20			
5	Kormoran	25				10	Mittelsäger	25			
6	Ringelgans	25				10	Gänsesäger	25			
6	Kanadagans	20				10	Brandgans	15			
6	Graugans	25				11	Haubentaucher	15			
6	Nonnengans	25				11	Zwergtaucher	15			
7	Kurzschnabel-gans	25				11	Graureiher	20			
7	Saatgans	25				11	Weißstorch	25			
7	Bläßgans	25				12	Fischadler	25			
7	Höckerschwan	10				12	Steinadler	25			
7	Singschwan	20				12	Rotmilan	20			
7	Zwergschwan	25				13	Mäusebussard	10			
8	Stockente	5				13	Sperber	25			
8	Krickente	15				13	Turmfalke	10			
8	Pfeifente	20				14	Baumfalke	20			
8	Spießente	20				14	Wanderfalke	25			
9	Löffelente	20				14	Habicht	25			
9	Tafelente	15				14	Wespenbussard	25			
9	Reiherente	15				15	Teichhuhn	10			

Seite	Art (Name des Vogels)	Punkte			
15	Bläßhuhn	10			
15	Wachtelkönig	25			
15	Wasserralle	25			
16	Schottisches Moorschneehuhn	25			
16	Moor-schneehuhn	25			
16	Alpen-schneehuhn	25			
16	Birkhuhn	25			
17	Auerhuhn	25			
17	Rebhuhn	10			
17	Fasan	10			
17	Rothuhn	25			
18	Austernfischer	10			
18	Kiebitz	15			
18	Steinwälzer	20			
19	Sandregen-pfeifer	15			
19	Flußregenpfeifer	20			
19	Goldregenpfeifer	20			
20	Rotschenkel	15			
20	Grünschenkel	20			
20	Flußuferläufer	20			
20	Uferschnepfe	20			
21	Pfuhlschnepfe	20			
21	Großer Brachvogel	20			
21	Regenbrachvogel	25			
		Summe			

Seite	Art (Name des Vogels)	Punkte			
22	Alpenstrand-läufer	10			
22	Knutt	20			
22	Sanderling	20			
22	Kampfläufer	20			
23	Säbelschnäbler	25			
23	Waldschnepfe	25			
23	Bekassine	25			
24	Ringeltaube	5			
24	Hohltaube	15			
24	Felsentaube	25			
24	Türkentaube	10			
24	Turteltaube	15			
25	Tordalk	25			
25	Trottellumme	25			
25	Eissturmvogel	25			
25	Papagei-taucher	25			
26	Lachmöwe	5			
26	Heringsmöwe	15			
26	Mantelmöwe	15			
26	Sturmmöwe	15			
27	Silbermöwe	5			
27	Flußseeschwalbe	15			
27	Küsten-seeschwalbe	20			
27	Trauersee-schwalbe	20			
		Summe			

Seite	Art (Name des Vogels)	Punkte			
27	Zwergsee-schwalbe	20			
28	Schleiereule	20			
28	Steinkauz	15			
28	Waldkauz	15			
28	Sperlingskauz	25			
29	Sumpfohreule	20			
29	Waldohreule	20			
29	Rauhfußkauz	25			
29	Zwergohreule	25			
30	Wiedehopf	25			
30	Ziegenmelker	25			
30	Kuckuck	10			
30	Eisvogel	25			
31	Schwarzspecht	20			
31	Buntspecht	10			
31	Grünspecht	15			
31	Kleinspecht	15			
32	Mauersegler	10			
32	Rauchschwalbe	10			
32	Mehlschwalbe	10			
32	Uferschwalbe	20			
33	Feldlerche	10			
33	Haubenlerche	15			
33	Wiesenpieper	15			
	Summe				

Seite	Art (Name des Vogels)	Punkte			
33	Baumpieper	15			
33	Heckenbraunelle	15			
34	Bachstelze	10			
34	Trauerbachstelze	25			
34	Gebirgsstelze	15			
34	Schafstelze	15			
35	Seidenschwanz	25			
35	Wasseramsel	20			
35	Zaunkönig	10			
35	Neuntöter	20			
35	Raubwürger	25			
36	Schilfrohrsänger	20			
36	Teichrohrsänger	15			
36	Gartengrasmücke	15			
36	Mönchs-grasmücke	10			
37	Dorngrasmücke	20			
37	Fitis	10			
37	Zilpzalp	10			
37	Waldlaubsänger	15			
38	Trauerschnäpper	15			
38	Braunkehlchen	15			
38	Schwarzkehlchen	20			
38	Steinschmätzer	20			
39	Grauschnäpper	15			
	Summe				

Seite	Art (Name des Vogels)	Punkte			
39	Gartenrotschwanz	15			
39	Hausrotschwanz	10			
39	Rotkehlchen	10			
39	Nachtigall	15			
40	Wacholderdrossel	10			
40	Ringdrossel	20			
40	Amsel	5			
40	Pirol	15			
41	Rotdrossel	20			
41	Singdrossel	10			
41	Misteldrossel	10			
41	Star	5			
42	Schwanzmeise	15			
42	Haubenmeise	15			
42	Tannenmeise	10			
42	Blaumeise	5			
42	Sumpfmeise	10			
43	Kohlmeise	5			
43	Kleiber	10			
43	Waldbaumläufer	15			
43	Wintergoldhähnchen	10			
43	Sommergoldhähnchen	10			
		Summe			

Seite	Art (Name des Vogels)	Punkte			
44	Buchfink	5			
44	Bergfink	15			
44	Grünling	5			
44	Zeisig	15			
45	Gimpel	10			
45	Hänfling	10			
45	Birkenzeisig	20			
45	Stieglitz	10			
46	Fichtenkreuzschnabel	15			
46	Eichelhäher	10			
46	Kolkrabe	20			
46	Dohle	10			
47	Rabenkrähe	10			
47	Nebelkrähe	15			
47	Saatkrähe	10			
47	Elster	10			
48	Haussperling	5			
48	Feldsperling	10			
48	Goldammer	10			
48	Rohrammer	15			
48	Grauammer	20			
		Summe			

Gesamt-Summe			